*L*es *E*ditions du *R*icochet
Exclusivité de l'édition française
pour le monde, sauf Canada et Maroc.
1 rue Spitaliéri 06000 Nice
http://ricochet.over-blog.net

Editions Ecole Active
Exclusivité au Canada
1567, rue King Ouest, Sherbrooke
(Québec) J1J2C6
http://www.biblairie.qc.ca

Yanbow Al Kitab
Exclusivité au Maroc
Rue Essanaani
Casablanca, Maroc
yanbow06@yahoo.fr

Ohé la Science !
Animaux

Leurs chers petits

La reproduction

Il n'y a que dans les histoires à dormir debout que les bébés naissent dans les choux !

Certains animaux sont comme les humains, ils mettent au monde des petits bien vivants qui leur ressemblent déjà beaucoup. D'autres font comme les poules : ils pondent des œufs. Avant sa naissance, un petit humain passe 9 mois dans le ventre de sa mère.

Cette gestation est bien plus longue pour les éléphantes : 22 mois. Presque deux ans ! Elle est fort courte pour les chiennes : deux mois ! Et encore plus courte pour les souris : à peine un mois.

La baleine bleue,
qui est l'animal le plus grand
du monde, accouche
au terme de 11 mois.

Quand une femelle
porte un bébé dans son ventre,
elle change ses habitudes...

La girafe cherche un lieu
tranquille et sûr.

Dame crocodile creuse un nid
et le garnit d'herbe séchée :
elle pond, puis couvre ses œufs
d'une autre couche d'herbe sèche
mélangée à de la boue. Cela les
protège du froid et des gloutons.

Le kangourou est un cas à part. Le petit grandit dans la poche ventrale de sa mère, mais ! c'est une poche extérieure !

Quand un baleineau naît, il ne sait pas nager. Sa mère le porte sur son dos jusqu'à la surface pour qu'il puisse respirer.

La biche aide bien vite son faon à se dresser sur ses pattes. Dès sa naissance, il faut qu'il soit prêt à fuir les amateurs de chair fraîche.

Les éléphants vivent en groupes. Quand, enfin, l'éléphante va mettre bas, le troupeau se serre autour d'elle.

Tous les mammifères
sont comme nous :
ils allaitent leurs petits.

Debout si ce sont des chèvres ou des bisons ;
couchés sur le flanc comme le chat ou la truie ;
assis sur leur derrière
comme les singes et les lémuriens.

Un bébé rhinocéros peut boire
jusqu'à 24 litres de lait par jour !

*Rien à voir avec les oiseaux !
Dès qu'ils sont sortis de leur
coquille, ils mangent presque
comme leurs parents.*

Les hirondelles sont voraces, la mère part à la chasse aux mouches et fait la navette 5 à 6 fois par jour pour nourrir sa nichée.
Le cygne mange pour son petit, puis régurgite la nourriture à moitié digérée au fond du bec de son oisillon.

Et la toilette ?

L'éléphante douche son éléphanteau
tandis que la rhinocère donne
à son rhinocéron un sacré
bain de boue qui l'isole
des insectes, des parasites
et de la chaleur !

Les pandas optent pour
de méthodiques coups de langue.

On dit que « Les chiens ne font pas des chats » mais pourtant les chiennes font comme les chattes : elles lèchent leurs chiots. Et cela n'a pas seulement pour effet de les tenir propres, cela les aide à faire leurs besoins.

Les oiselles ôtent systématiquement de leur nid les cacas de poussin pour éviter que de trop fortes odeurs attirent les prédateurs.

Le cygne déploie ses ailes
pour faire de l'ombre à son poussin.
L'ourse affronte les attaquants
pour donner le temps à son ourson
de grimper aux arbres.
La lionne passe son temps
à ramener en lieu sûr
ses lionceaux imprudents...

Tous leurs petits sont
sous haute protection.

Lorsqu'un prédateur surgit, la bécassine court ventre à terre le plus bruyamment possible. Elle attire vers elle toute l'attention du chasseur qui en oublie les oisillons. Au dernier moment, elle décolle pour échapper à la mort.

Les autruches couvent leurs œufs en couple : la femelle de jour, le mâle la nuit car son plumage sombre se confond mieux avec la pénombre.

Les mâles aussi mouillent la chemise.

L'épinoche construit le nid et assure une garde alternée des œufs. Les quinze jours qui suivent l'éclosion, ses alevins le mobilisent tant qu'il en oublie de se nourrir.

Le gorille a en charge les aînés, tandis que la femelle assure les soins des nouveau-nés.

Quant la lionne part chasser, le roi de la savane assure un baby-sitting instructif. Il joue à « attrape-moi la queue », entraînant les lionceaux à bondir sur une cible en mouvement.

Les animaux qui vivent en groupes prennent en charge les jeunes d'une manière collective.

Les éléphantes les plus âgées donnent « un coup de patte » aux plus jeunes.

Les pingouins empereurs forment des couples soudés qui élèvent ensemble leur petite famille, le mâle et la femelle assumant les mêmes tâches.

Une girafe spécialisée
apprend aux girafons
à se nourrir et à fuir sans hésiter
devant un réel danger.

*Les petits deviennent grands
en observant les adultes
et en reproduisant
leurs gestes.*

Quand un renardeau de l'Arctique fait des bêtises, ses aînés le poursuivent et le corrigent pour lui apprendre à vivre.

L'ours d'Alaska montre à son ourson le coup de patte à imiter pour bien pêcher. En Afrique, le macaque en fait autant ! Sans oublier de transmettre l'art et la manière de décortiquer un crabe pour en déguster la chair.

Il n'y a pas que les singes
qui savent montrer le chemin.

Leurs chers petits

Donner la vie est difficile et risqué. Comme les humains, de nombreux animaux entourent leur progéniture de tous les soins. C'est le cas de tous les mammifères et des ovipares cités dans cet album. D'autres s'en remettent à la loi des grands nombres. Ils pondent une descendance incalculable, dont ils ne s'occupent absolument pas. Une multitude périt mais une quantité suffisante survit pour perpétuer l'espèce. C'est vrai pour les sardines, les grenouilles, les sauterelles… la plupart des poissons, des batraciens et des insectes.

À la saison des amours, les animaux recherchent un endroit sûr avec une température et un degré d'humidité convenables. Ensuite, ils construisent un nid ou creusent un abri pour pondre ou mettre bas.

Les crocodiles font un nid pour leurs petits. Elles ne couvent pas mais montent une garde vigilante ; il arrive qu'elles transportent elles-mêmes les nouveaux-nés pour les mener jusqu'à l'eau.

Les oiseaux couvent jusqu'à l'éclosion. Il n'est pas rare que les mâles collaborent à la couvaison sur de courtes périodes. Mais pour la plus grande partie des espèces, seules les femelles assument cette tâche. Cela peut durer de 8 à 10 jours, chez le gros bec, à 82 jours, chez l'albatros. La poule domestique couve ses œufs une vingtaine de jours à 38 degrés. Les oisillons pépient et tendent le cou hors du nid lorsqu'ils ont faim. À la maturité venue, ils sont poussés hors du nid ou abandonnés par les adultes. Certains oiseaux élèvent plusieurs nichées par an.

Le cas du coucou est étonnant car il pond ses œufs dans le nid d'un autre oiseau qui couvera et nourrira les intrus au détriment de sa propre couvée. Les poissons aussi sont ovipares, quelques espèces surveillent leurs oeufs et leurs alevins. C'est le cas de l'épinoche.

Les mammifères allaitent leurs petits et leur apportent des soins. Ils leur transmettent des apprentissages essentiels : chasse, pour les carnivores ; cueillette, pour les frugivores, nage pour les baleines... Les jeunes ne seront autonomes qu'une fois sevrés et aguerris. La prise en charge est souvent assumée par les deux géniteurs. Mais ce n'est pas le cas général. Les femelles tigre et koala élèvent seules leur progéniture.
La femelle des mammifères n'est fécondable qu'à intervalles réguliers : elle est vivipare, l'œuf fécondé se développe à l'intérieur de son organisme jusqu'à un stade assez avancé. À part les dauphins et les baleines peu de mammifères sont marins.

Le kangourou est un cas à part : un marsupial. Un bébé de 2 cm naît quelques jours après sa conception. Il rampe vers un nouvel abri : la poche ventrale extérieure de sa mère. Au début il y reste enfoui, puis peu à peu pointe son nez dehors et en 6 mois, acquiert son autonomie.

L'auteure, Mi-Yeon An, *diplômée en psychologie de l'université de Yonsei (Corée), reporter indépendant et traductrice.*

L'illustratrice, Hyun-Jin Seo, *diplômée de l'université de Hanshin et Sungshin (Corée).*

L'éditeur, Gil-won Kim, *professeur des sciences de la vie à l'université de Séoul.*

Adaptation française, Marguerite Tiberti, *titulaire d'un doctorat de biologie et d'une thèse de troisième cycle en océanographie. Éditrice.*

Achevé d'imprimer en Corée en février 2009.
Dépôts légaux mars 2009.
France : Bibliothèque nationale.
Canada :
Bibliothèque et Archives nationales du Québec.
Bibliothèque et Archives du Canada.

ISBN 978-2-35263-0166

Ohé la science !

Une collection qui plante les graines de la connaissance scientifique.

À saisir dès 5-6 ans et à cultiver jusqu'à 8-9 ans.
La note documentaire est un complément qui pourra être utile aux parents.

Animaux

Le tigre mange-t-il de l'herbe ? (La chaîne alimentaire)

Un look nature ! (L'adaptation)

Leurs chers petits (La reproduction)

Environnement

Adresses sous-marines (L'écosystème marin)

Univers

Le corps

Ma petite usine (Les organes)

Physique

Tomber d'en haut ! (La gravitation)

Plantes

L'aventure du pollen (La propagation des plantes)